ARBORIZAÇÃO URBANA

Guia para Identificação, Manejo e Avaliação do Risco de Queda

FEALQ

ARBORIZAÇÃO URBANA

GUIA PARA IDENTIFICAÇÃO, MANEJO E AVALIAÇÃO DO RISCO DE QUEDA

DEMÓSTENES FERREIRA DA SILVA FILHO
JEFFERSON LORDELO POLIZEL
ROGÉRIO GOULARTE MOURA GOMES DE OLIVEIRA
VERNEI GIALLUCA
UÉBER FERNANDES ROSÁRIO
CARLOS DONIZETE FRANCO DE CAMARGO

FEALQ

© FUNDAÇÃO DE ESTUDOS AGRÁRIOS
LUIZ DE QUEIROZ — FEALQ

Av. Centenário, 1080
13416-000 Piracicaba, SP, Brasil

Fone: 19-3417-6609

livros@fealq.org.br
fealq.org.br

Dados Internacionais de Catalogação na Publicação
DIVISÃO DE BIBLIOTECA - DIBD/ESALQ/USP

Aborização urbana: guia para identificação, manejo e avaliação do risco de queda / Demóstenes Ferreira da Silva Filho ... [et al.]. - - Piracicaba: Fealq, 2018.
119 p. : il.
Bibliografia.

ISBN: 978-85-7133-084-9

1. Arborização urbana 2. Avaliação de risco 3. Queda de árvore I. Silva Filho, D. F. da II. Polizel, J. L. III. Oliveira, R. G. M. G. de IV. Gialluca, V. V. Rosário, U. F. VI. Camargo, C. D. F. de VII. Título

CDD 715.2
A666

ISBN: 978-85-7133-084-9

Coordenação:
Demóstenes Ferreira da Silva Filho - Esalq/USP
Vernei Gialluca - Genera Conceito & Inovação
Uéber Fernandes Rosário - Genera Conceito & Inovação
Carlos Donizete Franco de Camargo - AES Eletropaulo

Pesquisa e editoração:
Rogério Goularte Moura Gomes de Oliveira - arboreo.net
Jefferson Lordelo Polizel - Esalq/USP

Foto da capa:
Rogério Goularte Moura Gomes de Oliveira - arboreo.net

Agradecimentos

Giuliana Del Nero Velasco

Danilo de Carvalho Storti

Aníbal Deboni Neto

Frederico Domene

Leila Araújo Borges Proença

Fernando da Paixão Sales

Jéssica Tiyoko Yamashita

Equipe de manutenção e poda da AES-Brasil

Sumário

1

Modelos arquitetônicos de crescimento

O modelo arquitetônico diz respeito às características estruturais de crescimento de uma mesma espécie. De acordo com seu eixo principal, esses modelos são classificados em ortotrópicos monopodiais, ortotrópicos simpodiais, plagiotrópicos ou mistos.

Eixo principal ortotrópico monopodial

No eixo ortotrópico monopodial, o meristema apical (gema terminal) tem vida indefinida, cresce indefinidamente em altura e origina troncos (eixo central) verticais retos com galhos laterais, como ocorre com a araucária (*Araucaria angustifolia*), o pínus (*Pinus* spp.) e o pau-formiga (*Triplaris* spp.) (Figura 1).

Figura 1. Modelo arquitetônico de crescimento ortotrópico monopodial (a espessura da seta indica a intensidade da taxa de crescimento).

Eixo principal ortotrópico simpodial

No eixo ortotrópico simpodial, o meristema apical tem vida limitada, o crescimento linear em altura não é contínuo (Figura 2). Normalmente, o meristema vegetativo se transforma em meristema sexual (inflorescências terminais). Desenvolvem-se então os meristemas secundários nas axilas das folhas. Quando estes meristemas apresentam crescimento ortotrópico (vertical), o crescimento em altura se processa pela superposição de módulos de crescimento, dando origem a troncos retos, mas simpodiais, como acontece com o ipê (*Tabebuia* spp.) e a sibipiruna (*Poincianella pluviosa*).

Foto: Piracicaba, SP.

Figura 2. Modelo arquitetônico de crescimento ortotrópico simpodial (a espessura da seta indica a intensidade da taxa de crescimento).

Eixo plagiotrópico

No eixo plagiotrópico, o meristema apical cresce horizontalmente (Figura 3). A produção de um tronco depende essencialmente do ambiente em que a árvore se encontra. Se existir espaço para a expansão da copa, não ocorrerá a formação de um tronco muito longo, como acontece com o flamboyant (*Delonix regia*) e a cerejeira (*Amburana* spp.). Para que se forme um tronco longo, é necessária uma pressão lateral (sombreamento), que inibirá o crescimento plagiotrópico, e a formação de módulos de crescimento.

Foto: Esalq/USP.

Figura 3. Modelo arquitetônico de crescimento plagiotrópico (a espessura da seta indica a intensidade da taxa de crescimento).

Eixo misto

Nesse modelo, os meristemas (apical e secundário) crescem horizontalmente e verticalmente na mesma velocidade (Figura 4). Exemplos: paineira (*Ceiba speciosa*), embiruçu (*Pseudobombax glabra*), munguba (*Pachira aquatica*).

Figura 4. Modelo arquitetônico de crescimento misto (a espessura da seta indica a intensidade da taxa de crescimento).

2

Caule e casca

O caule (tronco) e a casca (ritidoma) apresentam características que podem variar entre a base, junto ao solo, e a primeira ramificação da copa. O aspecto do tronco como um todo pode ser circular, quando a seção horizontal tem forma aproximada ao círculo; acanalado, quando ela é irregular, com depressões e elevações longitudinais, formando canais; fenestrado, do latim *fenestratus* ("o que tem janelas"), quando apresenta cavidades profundas formando buracos no tronco; arestado ou cristado, quando possui projeções longitudinais em geral agudas, na forma de cristas ou arestas; nodoso, quando exibe nós salientes, em geral arredondados e resultantes de cauliflória; tortuoso, quando apresenta sinuosidades longitudinais; torcido, quando se desenvolve de maneira espiralada sobre o mesmo eixo; lenticelado, quando tem numerosas estruturas visíveis que proporcionam as trocas gasosas entre os tecidos do caule e o meio ambiente; fissurado, quando possui fissuras estreitas, estrias largas, curtas, sinuosas ou reticuladas; laminado e variegado, quando lâminas coriáceas ou placas lenhosas se desprendem dele.

Os troncos podem apresentar espinhos, que são folhas ou estípulas modificadas com sistema vascular. Não podem ser destacados sem desprender parte de tecido do tronco. Exemplos: limoeiro e laranjeira (*Citrus* spp.) e jacarandá-de-espinho (*Machaerium aculeatum*).

Em alguns casos apresentam acúleos, que são projeções da epiderme, em geral cônicos, sem sistema vascular. Por serem de origem superficial, podem ser destacados, como no caso da paineira (*Ceiba speciosa*). Os troncos também podem ser lisos.

Seguem-se alguns exemplos de tipos de troncos, mostrados na Figura 5.

1. Jacarandá-mimoso (*Jacaranda mimosifolia*)
2. Ipê-amarelo (*Handroanthus chrysotrichus*)
3. Ipê-de-el salvador (*Tabebuia heterophylla*)
4. Espatódea (*Spathodea nilotica*)
5. Paineira (*Ceiba speciosa*)
6. Sete-copas (*Terminalia catappa*)
7. Sibipiruna (*Poincianella pluviosa*)

8. Pata-de-vaca (*Bahuinia variegata*)
9. Tipuana (*Tipuana tipu*)
10. Resedá (*Lagerstroemia indica*)
11. Fícus (*Ficus benjamina*)
12. Alfeneiro (*Ligustrum lucidum*)

Figura 5. Exemplos de tipos de troncos.

10. Laminado 11. Lenticelado 12. Fissurado

Figura 5. Exemplos de tipos de troncos.

A Figura 6 mostra outros exemplos de tipos de troncos.

Espinhoso Variegado

Estriado Liso

Figura 6. Exemplos de tipos de troncos.

3

Tipos de folhas

A folha pode ser simples (Figura 7) ou composta (Figura 8). Em folhas compostas, a lâmina é constituída por subunidades (folíolos e foliólulos). A presença de uma gema vegetativa onde nascem ramos e flores permite diferenciar os dois tipos.

A folha composta é condição derivada (caractere que surgiu depois) em relação às folhas simples. A folha simples pode ser classificada em pinada (uma subunidade) ou bipinada (duas subunidades), respectivamente, os folíolos e os foliólulos. A folha composta apresenta pecíolo próprio, denominado de peciólulo, inserido na raque ou ráquis (correspondente à nervura central de uma folha simples).

Figura 7. Morfologia de um ramo de figueira-benjamim (*Ficus benjamina*) com folhas simples.

Figura 8. Estruturas de uma folha composta de pau-brasil (*Paubrasilia echinata*).

Tipos de folhas compostas

Bifoliolada

Com apenas um par de folíolos. Exemplo: jatobá (*Hymenaea* spp.).

Trifoliolada

Com três folíolos saindo do mesmo ponto. Exemplo: sombreiro (*Clitoria* spp.).

Palmada

Com cinco ou mais folíolos saindo do mesmo ponto. Exemplos: ipê (*Tabebuia* spp.) e paineira (*Ceiba speciosa*).

Pinada – paripinada

Folha com mais de três folíolos saindo de vários pontos da ráquis central, terminando com dois folíolos opostos (último par). Exemplos: sena (*Senna* spp.) e ingá (*Inga* spp.). Pode ocorrer folíolo alterno.

Pinada – imparipinada

Folhas com mais de três folíolos saindo de vários pontos da ráquis central, terminando com um folíolo no ápice. Exemplos: aroeira-pimenteira (*Schinus terebinthifolia*) e espatódea (*Spathodea* spp.).

Bipinada

O folíolo é dividido, formando foliólulos agrupados em pinas. Exemplos: jacandá-mimoso (*Jacaranda mimosifolia*), flamboyant (*Delonix regia*) e sibipiruna (*Poincianella pluviosa*).

4

Espécies arbóreas

Famílias

Família Bignoniaceae

Nome científico: *Jacaranda mimosifolia*

Nome popular: jacarandá-mimoso

Características gerais

Árvore decídua, muito florífera, com 12 a 15 metros de altura, originária da Argentina, Bolívia e Paraguai.

Tronco com casca pardo-escura, gretada, que depois desprende-se em lâminas retangulares. Copa arredondada, com ramagem longa e aberta.

As folhas opostas são compostas bipinadas, com folíolos pequenos, ovalados, opostos, verde-escuros.

Inflorescências terminais, em panículas piramidais, que se formam no verão, com a planta quase totalmente desprovida de folhagem. Flores azul-violeta, de corola campanulata, com tubo dilatado e depois expandido em dois lábios, com três recortes maiores e dois menores.

Frutos na forma de cápsulas lenhosas, ovaladas, intumescidas, deiscentes, com sementes pequenas, achatadas, dotadas de asas celulósicas.

Taxa média de crescimento de brotos: 0,62 cm/dia

Número médio de brotos após poda: 7 brotos

Jacaranda mimosifolia – jacarandá-mimoso

Foto: Esalq/USP.

Família Bignoniaceae

Nome científico: *Handroanthus chrysotrichus*

Nome popular: ipê-amarelo

Características gerais

Árvore com 4 a 10 metros de altura, decídua, nativa da Mata Atlântica. Tronco com 30 a 40 cm de diâmetro e ritidoma de cor cinza, com fissuras sinuosas e descontínuas.

Ramos novos e pecíolos cobertos por densa pubescência ferrugínea.

Folhas compostas pentafolioladas. Folíolos pubescentes em ambas as faces, ásperos, coriáceos, com 5 a 10 cm de comprimento.

Floresce durante os meses de agosto e setembro, em geral com a planta totalmente despida de folhagem.

Os frutos amadurecem a partir do final de setembro a meados de outubro.

Taxa média de crescimento de brotos: 0,85 cm/dia

Número médio de brotos após poda: 7 brotos

Handroanthus chrysotrichus – ipê-amarelo

Foto: Esalq/USP.

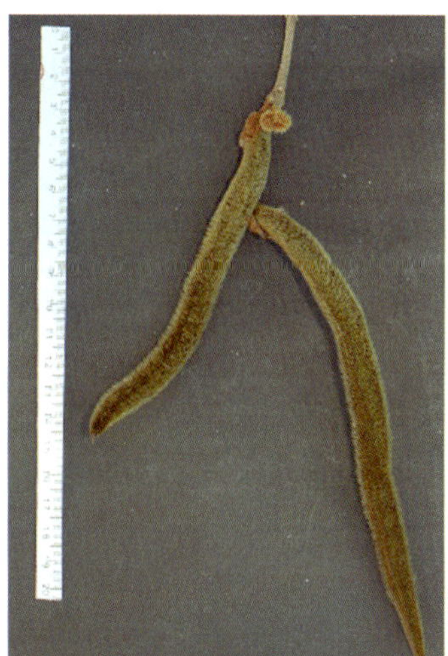

Família Bignoniaceae

Nome científico: *Tabebuia heterophylla*

Nome popular: ipê-de-el salvador

Características gerais

Árvore semidecídua, com 15 a 20 metros de altura, originária de El Salvador.

Tronco robusto, com ritidoma que apresenta fissuras esparsas longitudinalmente, placas lenhosas pequenas e placas irregulares, estrias claras e lenticelas esparsas.

Folhas grandes, decíduas e semidecíduas, compostas digitadas, de pecíolo longo, opostas, com cinco folíolos verde-escuros de textura rija e com pecíolos longos, amarelados, ovalado-alongados, com o central maior, de ápice alongado, apresentando 12 a 18 cm de comprimento.

Inflorescências terminais densas, em panículas volumosas, flores campanuladas com cinco recortes, de colorido variável, desde quase branco a rosa-claro e rosa-escuro, formadas de agosto a outubro.

Os frutos são cápsulas semelhantes a vagens longas, mais ou menos cilíndricos, deiscentes, com sementes aladas numerosas.

Taxa média de crescimento de brotos: 0,85 cm/dia

Número médio de brotos após poda: 7 brotos

Tabebuia heterophylla – ipê-de-el salvador

Foto: São Paulo, SP.

Família Bignoniaceae

Nome científico: *Spathodea nilotica*

Nome popular: espatódea

Características gerais

Árvore com 15 a 20 metros de altura, originária da África Central, de tronco espesso, com ritidoma pardo e finamente reticulado, verrucoso ou fenestrado, com raízes tabulares.

Copa densa, com ramagem vigorosa e folhas decíduas durante o inverno, geralmente opostas, com cinco a sete pares de folíolos e um folíolo terminal, ovalado-alongados, pubescentes.

Inflorescências axilares ou terminais com botões de flores aglomerados, cônicos, de cálice em forma de bisnaga contendo água. Floração de novembro a abril, com tubo dilatado expandido em cinco recortes (lobos) vermelho-alaranjados, com bordas franjadas e interior amarelo.

Frutos semelhantes às vagens (cápsulas), lenhosos, deiscentes, com numerosas sementes planas, elípticas e aladas.

Taxa média de crescimento de brotos: 0,62 cm/dia

Número médio de brotos após poda: 7 brotos

Spathodea nilotica – espatódea

Foto: São Paulo, SP.

Família Malvaceae

Nome científico: *Ceiba speciosa*

Nome popular: paineira

Características gerais

Árvore decídua com 15 a 30 metros de altura, de copa globosa e ampla.

Tronco cilíndrico e volumoso, com cerca de 80 a 120 cm de diâmetro, com ritidoma de cor cinza-esverdeado e acúleos piramidais.

Folhas compostas digitadas e longopecioladas. Folíolos glabros, em número de cinco a sete. Membranáceas, com 6 a 12 cm de comprimento por 2 a 6 cm de largura.

Flores grandes e muito vistosas.

Fruto do tipo cápsula ovoide e deiscente.

Floresce a partir de meados de dezembro, prolongando-se até abril. A maturação dos frutos ocorre durante os meses de agosto e setembro, com a árvore totalmente despida de folhagem.

Taxa média de crescimento de brotos: 0,85 cm/dia

Número médio de brotos após poda: 7 brotos

Ceiba speciosa – paineira

Foto: Esalq/USP.

Família Combretaceae

Nome científico: *Terminalia catappa*

Nome popular: sete-copas

Características gerais

Árvore caducifólia, com 12 a 15 metros de altura, originária da Ásia e Madagascar.

Tronco ereto, com casca parda fissurada no sentido longitudinal e curtamente gretada na transversal, com ramagem horizontal agrupada, espaçada de modo simétrico em torno de um mesmo ponto do tronco.

Folhas alternas, grandes, agrupadas ao longo dos ramos e nas extremidades, ovaladas, coriáceas, verdes e marrom-avermelhadas, com 15 a 25 cm de comprimento.

Inflorescências axilares na extremidade dos ramos, pendentes, em racemos, com flores brancas, pequenas, formadas na primavera.

Frutos (drupa) elipsoides, amarelo-esverdeados ou rosa-arroxeados, com uma asa rudimentar reduzida a membrana no sentido longitudinal e pouca polpa.

Semente (amêndoa) dura, comestível, envolvida por casca fibrosa, contendo óleo fino.

Taxa média de crescimento de brotos: 0,62 cm/dia

Número médio de brotos após poda: 7 brotos

Terminalia catappa – sete-copas

Foto: Piracicaba, SP.

Família Leguminosae

Nome científico: *Poincianella pluviosa*

Nome popular: sibipiruna

Características gerais

Árvore com 8 a 16 metros de altura, semidecídua, nativa da Mata Atlântica. Tronco com 30 a 40 cm de diâmetro, ritidoma com lâminas lenhosas, ligeiramente áspero e rugoso, de coloração castanho-acinzentada.

Folhas compostas bipinadas, com 20 a 25 cm de comprimento e 17 a 19 pares de pinas. Folíolos em número de 13 a 27 por pina, com 10 a 12 mm de comprimento.

Inflorescências terminais ornamentadas por pelos ferrugíneos e formadas por flores pequenas, de coloração amarela intensa. Surgem a partir do final do mês de agosto, prolongando-se até meados de novembro.

Os frutos são vagens achatadas sustentadas por pedicelos tomentosos ferrugíneos que, quando secos, se abrem, liberando sementes também achatadas.

Taxa média de crescimento de brotos: 0,62 cm/dia

Número médio de brotos após poda: 3 brotos

Poincianella pluviosa – sibipiruna

Foto: São Paulo, SP.

Família Leguminosae

Nome científico: *Bahuinia variegata*

Nome popular: pata-de-vaca

Características gerais

Árvore semidecídua, com 7 a 10 metros de altura, originária da Índia.

Tronco cilíndrico, com ritidoma reticulado e rugoso, pardo-escuro, às vezes pouco fissurado. Ramagem densa formando copa globosa.

Folhas simples, coriáceas, orbiculares, com um recorte em V formando dois lobos, de cor verde-acinzentada, com 12 a 18 cm de comprimento.

Inflorescências axilares e terminais em rácemos curtos, com diversas flores de corola com cinco pétalas ovalado-alongadas cor-de-rosa, estriadas, a inferior maior, com mancha roxa, que se formam de junho a setembro.

Frutos do tipo vagem, achatados, deiscentes, de cor marrom-claro, com sementes achatadas, um tanto carnosas, arredondadas, verde-claras.

Há a variedade *candida* que produz flores brancas.

Taxa média de crescimento de brotos: 0,85 cm/dia

Número médio de brotos após poda: 7 brotos

Bahuinia variegata – pata-de-vaca

Família Leguminosae

Nome científico: *Tipuana tipu*

Nome popular: tipuana

Características gerais

Árvore decídua, com 12 a 15 metros de altura, originária da Bolívia e norte da Argentina.

Tronco com ritidoma acinzentado, com fissuras e placas lenhosas retangulares.

Ramagem vigorosa ascendente, a superior densa, recurvada, formando copa arredondada frondosa.

Folhas compostas pinadas, com oito a dez pares de folíolos opostos e um terminal, elíptico-alongados, cartáceos, com 2 a 3 cm de comprimento.

Inflorescências axilares, pequenas, em rácemos, com flores amarelas constituídas por um estandarte, duas asas e uma quilha, que se formam de setembro a dezembro.

Frutos alados do tipo sâmara, geralmente com uma ou duas sementes.

Taxa média de crescimento de brotos: 0,62 cm/dia

Número médio de brotos após poda: 7 brotos

Tipuana tipu – tipuana

Foto: Piracicaba, SP.

Família Lythraceae

Nome científico: *Lagerstroemia indica*

Nome popular: resedá

Características gerais

Árvore decídua, com 3 a 6 metros de altura, originária da Índia.

Tronco ereto, liso, marmorizado, ritidoma com lâminas coriáceas finas e irregulares. Ramagem ereta, formando copa aberta.

Folhas simples, decíduas, elípticas ou ovalado-alongadas, sésseis, opostas, com 2 a 3 cm de comprimento.

Inflorescências densas, em panículas terminais, que se formam de novembro a fevereiro, com flores providas de seis pétalas onduladas e franjadas, com unha longa e colorido variado, que vai desde branco, rosa-claro ou escuro a arroxeado.

Frutos do tipo cápsula, globoso-elípticos, deiscentes, coriáceos, com sementes pequenas, aladas.

Taxa média de crescimento de brotos: 0,85 cm/dia

Número médio de brotos após poda: 7 brotos

Lagerstroemia indica – resedá

Foto: São Paulo, SP.

Família Moraceae

Nome científico: *Ficus benjamina*

Nome popular: fícus

Características gerais

Árvore perenifólia, com exsudação leitosa e abundante ao se destacarem as folhas, com 10 a 15 metros de altura, nativa da Índia, China, Filipinas, Tailândia, Austrália e Nova Guiné.

Tronco com ritidoma cinza-claro, lenticelado, provido de raízes aéreas. Ramagem densa, longa, ereta, um tanto pêndula, formando copa globosa grande.

Folhas simples, coriáceas, ovaladas, ovalado-alongadas ou ovalado-elípticas, com ápice alongado, verde-brilhantes, com 6 a 10 cm de comprimento, pecíolo com cerca de 2,5 cm.

Produz frutos globosos, geralmente dispostos aos pares, avermelhados quando maduros, com pontuações na superfície com cerca de 1 cm de diâmetro, que se formam de outubro a dezembro.

Taxa média de crescimento de brotos: 0,85 cm/dia

Número médio de brotos após poda: 7 brotos

Ficus benjamina – fícus

Foto: Piracicaba, SP.

Família Oleaceae

Nome científico: *Ligustrum lucidum*

Nome popular: alfeneiro

Características gerais

Árvore perenifólia, com 7 a 10 metros de altura, originária da China.

Tronco robusto, com ritidoma cinza ou castanho, provido de fissuras irregulares. Galhos robustos, densos, formando copa arredondada.

Folhas simples, ovaladas e ovalado-lanceoladas, com ápice agudo e alongado, opostas, coriáceas, verde-escuras, brilhantes, com 8 a 15 cm de comprimento.

Inflorescências densas, em panículas cônicas ou piramidais, terminais, com numerosas flores pequenas, brancas, com tubo curto expandido em quatro recortes (lobos), que se formam principalmente de outubro a fevereiro.

Frutos numerosos, do tipo drupa, redondo-ovalados, roxo-pardos, com pouca polpa e uma a duas sementes pequenas.

Taxa média de crescimento de brotos: 0,62 cm/dia

Número médio de brotos após poda: 13 brotos

Ligustrum lucidum – alfeneiro

Foto: Piracicaba, SP.

5

Poda

A poda constitui uma técnica agronômica/florestal que envolve a retirada seletiva de ramos, galhos ou porções indesejadas ou danificadas de um organismo vivo, a árvore, a fim de alcançar objetivos específicos, modificando sua estrutura arquitetônica e, consequentemente, seu estágio de desenvolvimento.

Em árvores urbanas, na essência, a poda é a eliminação oportuna de ramificações da planta, com o objetivo de proporcionar seu desenvolvimento saudável, compatível com o espaço físico e os equipamentos urbanos.

O manejo adequado em plantas jovens é capaz de minimizar interferências mais drásticas nos exemplares arbóreos adultos.

Procedimentos da poda

Os objetivos da poda, bem como a destinação de seus resíduos, devem ser estabelecidos antes do início da operação.

Devem ser considerados o ciclo de crescimento, o modelo arquitetônico de crescimento das espécies e o tipo de poda a ser executada.

Deve ser priorizada a não retirada de galhos superior a 25% da copa. O percentual e a distribuição da folhagem a ser removida devem ser definidos de acordo com a espécie arbórea, a idade, o estado fitossanitário e a localização. Podas de maior intensidade devem ser justificadas tecnicamente.

Não deve ser retirada mais de 25% da folhagem de um galho quando este é cortado junto a outro galho lateral. Convém que o galho lateral tenha dimensões suficientes para assumir a dominância apical.

Regiões do local de poda

- **Crista de casca:** é o acúmulo de casca na parte superior da base do galho, na inserção do tronco. Devido ao crescimento em diâmetro do tronco e do galho, a crista adquire forma de meia-lua, com as pontas voltadas para baixo.
- **Colar:** é a porção inferior da base do galho e está em franca atividade assimilatória. Quando o colar se destaca do tronco, tor-

nando-se claramente visível, o galho encontra-se em processo de rejeição, embora ainda possa ter folhas verdes e brotações novas. Esse intumescimento do colar é consequência do aumento do metabolismo na região dos mecanismos de defesa, para compartimentalizar a lesão que ocorrerá com a morte do galho e sua quebra.

- **Fossa basal:** é a depressão no tronco abaixo da base do galho. Quando presente, indica falta de fluxo de seiva elaborada do galho para o tronco.

As Figuras 9 e 10 mostram elementos básicos da base do galho.

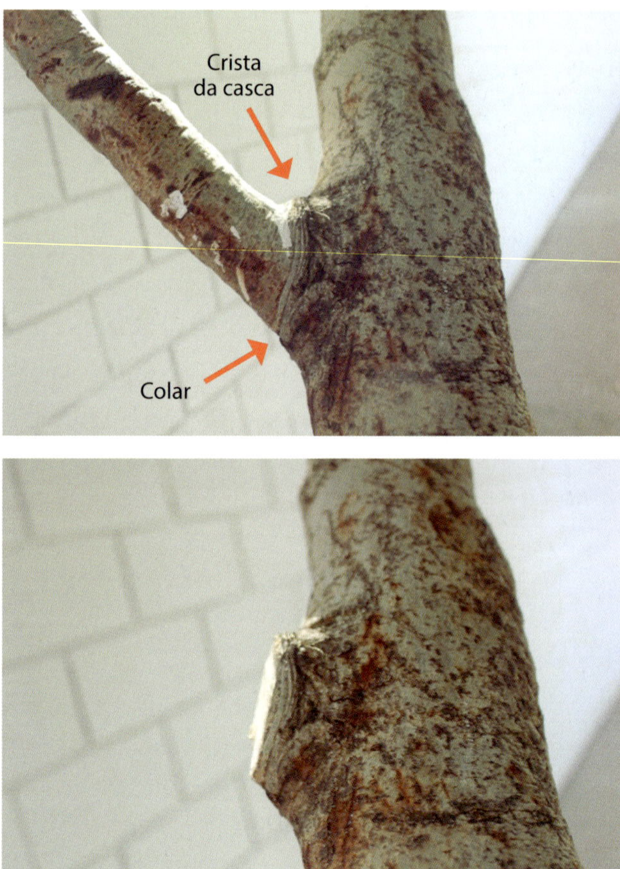

Figura 9. Morfologia da base do galho e linha de corte na poda de galhos.

Figura 10. Fossa basal em galho de leucena (*Leucaena leucocephala*).

As Figuras 11 a 13 mostram exemplos de compartimentalização adequada e inadequada.

Figura 11. Defeitos no processo de compartimentalização do galho devido a poda realizada na região inadequada.

Figura 12. Compartimentalização do galho com poda realizada na região adequada.

Figura 13. Defeitos da compartimentalização do galho devido a poda inadequada, com presença de corpos de frutificação e intensa brotação epicórmica.

As Figuras 14 e 15 apresentam exemplos de fossa basal em galhos.

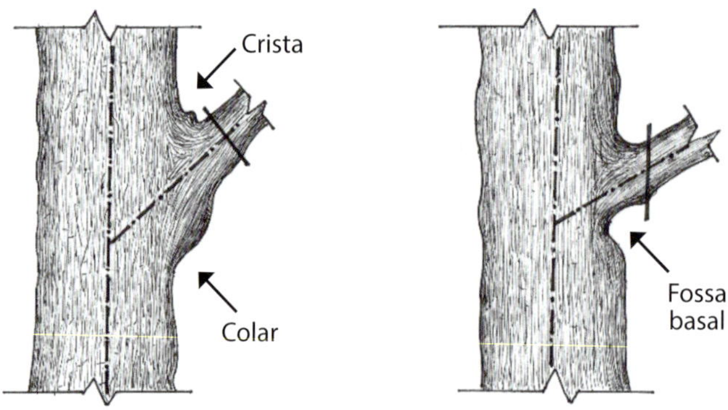

Figura 14. Morfologia da base do galho e linha de corte na poda de galhos que apresentam fossa basal. Adaptado do *Guia de arborização urbana e manual de poda*-AES Eletropaulo (2011). Desenho de Alexandre Veloso.

Figura 15. Fossa basal em galho de paineira (*Ceiba speciosa*).

Método correto e incorreto de poda

As Figuras 16 e 17 mostram o método correto e o método incorreto de poda de galhos grossos e pequenos.

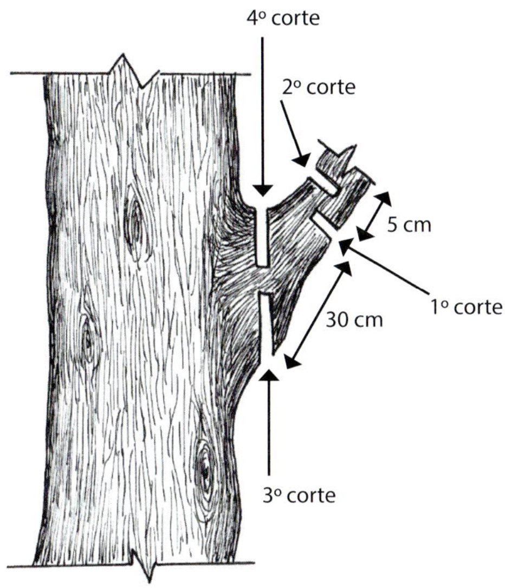

Figura 16. Método correto de corte para galhos grossos (> 2 cm de diâmetro). Adaptado do *Guia de arborização urbana e manual de poda*-AES Eletropaulo (2011). Desenho de Alexandre Veloso.

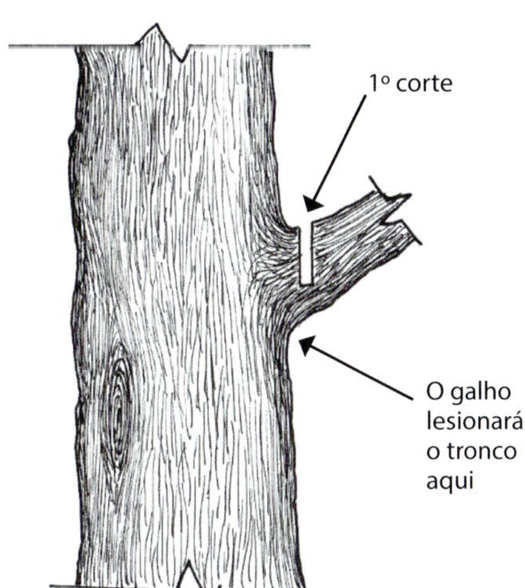

Figura 17. Método incorreto de corte para galhos grossos e pequenos. Adaptado do *Guia de arborização urbana e manual de poda*-AES Eletropaulo (2011). Desenho de Alexandre Veloso.

Os galhos altos podem causar sérios problemas se caem sobre a rede elétrica ou a propriedade de terceiros, atingindo casas, muros e carros e podendo até ferir gravemente as pessoas.

O primeiro corte deve ser realizado por baixo dos ramos, no mínimo 30 cm distante do seu ponto de derivação. O segundo corte deve ser efetuado por cima do ramo, 5 cm além do primeiro, no lado oposto da derivação. Deve-se concluir a poda do ramo com os cortes junto com a derivação. O terceiro corte deve ser realizado de baixo para cima e o quarto, de cima para baixo.

A Figura 18 mostra o procedimento adequado de corte de galhos altos.

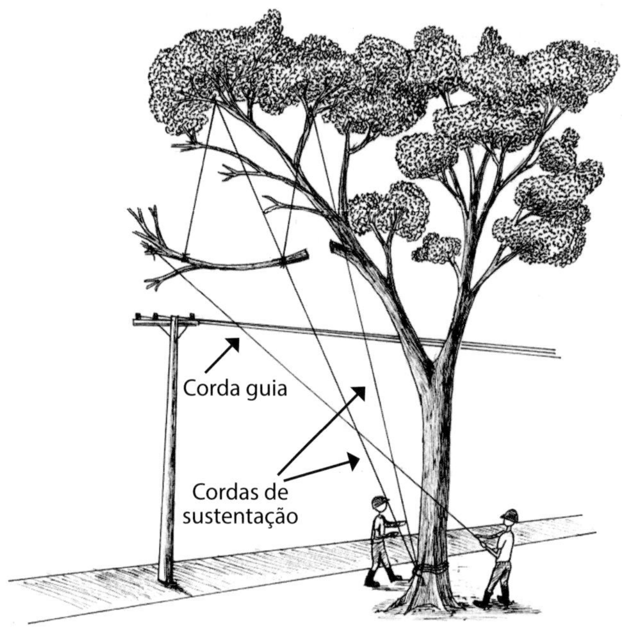

Figura 18. Procedimentos de corte para galhos altos. Adaptado do *Guia de arborização urbana e manual de poda*-AES Eletropaulo (2011). Desenho de Alexandre Veloso.

6

Equipamentos de segurança

É obrigatório o uso de equipamentos de proteção para realização das atividades de poda.

Equipamentos de proteção individual (EPIs) para rede desenergizada (linha morta):

- capacete isolante de segurança tipo jóquei, com viseira classe B na cor laranja;
- óculos de segurança com lente incolor, proteção lateral e superior, injetadas na mesma peça e da mesma cor, tipo espátula;
- macacão para proteção contra insetos nocivos;
- protetor ou bloqueador solar;
- botinas de segurança com ou sem biqueira de aço;
- bota de borracha cano longo ou perneira de raspa para situações em que haja risco de acidentes com animais peçonhentos;
- luvas de vaqueta para serviços gerais;
- cinturão de segurança tipo paraquedista e kit de escalada segura;
- luva nitrílica para o manuseio de agentes químicos utilizados para o combate a insetos nocivos;
- calça de náilon para operadores de motopodas e motosserras;
- protetor auricular de silicone ou espuma;
- protetor respiratório com filtro químico para trabalhos de extermínio de insetos nocivos;
- colete reflexivo.

Equipamentos de proteção individual (EPIs) para rede energizada (linha viva):

- capacete isolante de segurança tipo jóquei, com viseira classe B na cor laranja;
- óculos de segurança com lente cinza, proteção lateral e superior, injetadas na mesma peça e da mesma cor;

- luvas isolantes de borracha classe II ou conforme a classe de tensão;
- luvas de cobertura para luvas isolantes de borracha;
- manga isolante de borracha classe II;
- botina de segurança sem biqueira de aço;
- bota de borracha cano longo ou perneira de raspa para situações em que haja risco de acidentes com animais peçonhentos;
- cinturão de segurança tipo paraquedista e kit de escalada segura;
- protetor auricular de silicone ou espuma;
- colete reflexivo.

Equipamentos de proteção coletiva (EPCs):

- cone grande de sinalização para trabalho em vias públicas;
- conjunto de aterramento temporário;
- detector de tensão;
- bandeirolas com suporte;
- fita reflexiva para sinalização e isolamento da área de trabalho;
- isolador de borracha tipo mangueira;
- calha isolada;
- grade de alerta para pedestres.

Alguns exemplos de equipamentos de proteção aparecem representados na Figura 19.

1. Macacão para proteção contra insetos nocivos. 2. Protetor respiratório com filtro químico para trabalhos de extermínio de insetos nocivos. 3. Protetor auricular de silicone ou espuma. 4. Luvas de vaqueta para serviços gerais. 5. Cinturão de segurança tipo paraquedista e kit de escalada segura. 6. Capacete isolante de segurança tipo jóquei com viseira classe B – cor laranja. 7. Botina de segurança sem biqueira de aço. 8. Luvas isolantes de borracha – classe II. 9. Manga isolante de borracha – classe II. 10. Luva de cobertura tipo pelica para proteção da luva isolante – classe II. 11. Cone grande de sinalização para trabalho em vias públicas. 12. Fita reflexiva para sinalização e isolamento da área de trabalho. 13. Bandeirolas com suporte. 14. Bandeira de sinalização de instalação de aterramento temporário.

Figura 19. Exemplos de equipamentos de proteção.

7

Ferramentas de poda

A adequada execução da atividade de poda de árvores exige a utilização de ferramentas e equipamentos apropriados.

Rede desenergizada (linha morta):

- equipamento hidráulico com cesta aérea;
- escada de madeira extensível;
- carretilha para içar ferramentas;
- corda de sisal ou polipropileno;
- sacola de lona;
- bastão podador manual;
- serra de arco;
- serrote fixo para poda de 300 mm;
- serrote curvo;
- motosserra;
- todos os equipamentos hidráulicos podem ser utilizados.

Rede energizada (linha viva):

- equipamento hidráulico com cesta aérea isolada;
- carretilha para içar ferramentas;
- corda de sisal ou polipropileno;
- sacola de lona;
- motosserra hidráulica, com algumas restrições;
- podador hidráulico;
- serra hidráulica de longo alcance.

Devem ser utilizados equipamentos e técnicas que não danifiquem o tecido vivo e a casca além das especificações de trabalho. Ferramentas de impacto (como facão, machado) não devem ser utilizadas no corte final, pois dificultam a cicatrização do tecido vegetal.

As ferramentas devem estar sempre afiadas e em perfeitas condições de uso.

Poda de destopo

É um tipo de poda inapropriado para árvores urbanas, utilizado para reduzir o tamanho de uma árvore, deixando apenas brotos, tocos, entrenós ou ramos secundários que não são suficientemente grandes para assumir dominância apical, descaracterizando a arquitetura original da espécie e causando desequilíbrio estético e/ou estrutural.

É uma poda prejudicial e só deve ser utilizada em situações de emergência, por exemplo, quando há risco de queda ou como medida preparatória para a supressão completa do exemplar arbóreo, mediante vistoria e laudo do poder público competente.

Foto: São Paulo, SP.

Figura 21. Poda de destopo em sete-copas (*Terminalia catappa*).

Poda lateral

É um tipo de poda que visa eliminar ramos que estão próximos da fiação secundária. Provoca alterações no formato original da copa.

Foto: São Paulo, SP.

Figura 22. Poda lateral em mirindiba (*Lafoensia glyptocarpa*).

Poda em furo ou túnel

Tipo de poda que visa eliminar ramos que estão em contato com a rede secundária ou primária (fiação compacta).

Em alguns casos, a poda executada em "V" se recompõe, fechando a copa sobre a fiação e formando uma zona de sombreamento que impede novas brotações epicórmicas. Surge assim um "furo" pelo qual passará a fiação.

Foto: São Paulo, SP.

Figura 23. Poda em túnel em alecrim-de-campinas (*Holocalyx balansae*).

Poda em "V"

Tipo de poda que tem por objetivo eliminar os ramos que estão em contato com a fiação primária e/ou secundária.

Foto: São Paulo, SP.

Figura 24. Poda em "V" em jacandá-mimoso (*Jacaranda mimosifolia*)

Poda de formação

Tipo de poda realizada no viveiro ou local de plantio definitivo, com a retirada de galhos doentes em atrito com outro ou que possuam fraca ligação com seus ramos de origem. Remoção de galhos de elementos construídos e/ou equipamentos urbanos que não prejudica a estrutura original da copa, até a altura de 2 a 2,5 metros.

Poda de limpeza ou de manutenção

Tipo de poda realizada para retirada de galhos doentes, mortos, quebrados ou que perderam sua função na copa da árvore.

Poda de desrama ou raleamento

Tipo de poda seletiva que visa reduzir a densidade de galhos vivos. Deve resultar na distribuição equilibrada de ramos e galhos individuais, sem comprometer a estrutura da árvore. Não é recomendada a retirada de mais de 25% do volume da copa que cresceu após a última poda.

Poda de elevação da copa

Poda seletiva dos galhos para abrir espaços verticais.

Poda corretiva

É realizada para correção de podas incompletas ou equivocadas.

Poda de redução

Intervenção seletiva utilizada para reduzir a altura ou largura da copa e, em consequência, a área e o volume dela, sempre obedecendo à arquitetura típica da espécie e buscando a distribuição equilibrada de ramos. O galho deve ser podado junto a outro que tenha no mínimo um terço do seu diâmetro. Deve ser considerada a tolerância da espécie a esse tipo de poda.

Poda de restauração

Tipo de poda seletiva utilizada para aprimorar a estrutura, a forma e a aparência de árvores que tenham sido severamente destopadas, vandalizadas ou danificadas.

Poda tipo "poodle"

Tipo de poda inadequada e excessiva na qual são retirados os galhos secundários do interior da copa, permanecendo apenas um amontoado de galhos e folhas na extremidade do galho principal, semelhante à tosa comum no cão da raça Poodle.

Poda emergencial

Visa resolver problemas emergenciais causados por galhos de árvores que ofereçam riscos imediatos a terceiros e/ou serviços de utilidade pública.

Poda para vistas

Visa a retirada seletiva de galhos para permitir o acesso a uma vista específica.

Poda de raízes

Esse tipo de poda (Figura 25) não é recomendado. Deve ser priorizado o aumento dos canteiros e alternativas a essa poda. Caso ela seja imprescindível, deve ser feita com ferramentas adequadas e os cortes devem resultar em superfície plana, não permitindo o ressecamento do tecido a uma distância e intensidade que não comprometam a estabilidade e a vitalidade da árvore.

Figura 25. Poda de raízes realizada de forma inadequada.

9

Distâncias mínimas para equipamentos da rede elétrica

A distância mínima a respeitar para o uso de equipamentos da rede elétrica é mostrada nas Figuras 26 a 28.

Figura 26. Rede primária: 2 metros de distância.

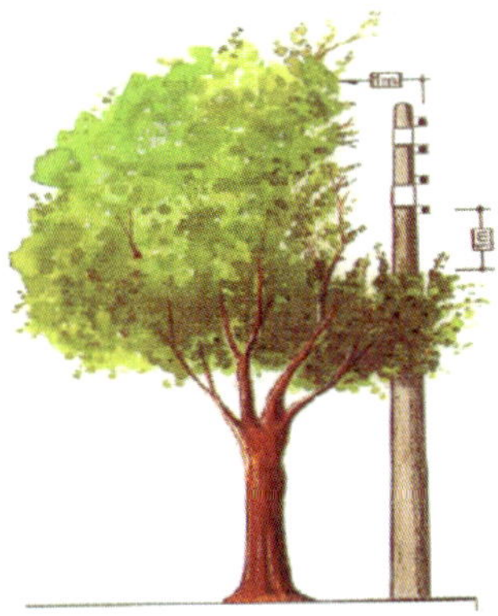

Figura 27. Rede secundária: 1 metro de distância.

Figura 28. Rede secundária: 1 metro de distância.

10

Avaliação do risco de queda de galhos e árvores

Inspeção da árvore

Deve ser realizada a inspeção visual (Figura 32), para avaliar todos os aspectos físicos e fitossanitários de cada árvore alvo do trabalho, sua extensão e o comprometimento da estabilidade estrutural, além de possíveis riscos a alvos potenciais. Exige o planejamento prévio das atividades.

Caso seja constatada a existência de alguma condição ou fator que requeiram atenção além do objetivo original do trabalho, é conveniente que essa condição ou esse fator sejam relatados a um supervisor imediato, ao proprietário da árvore ou à pessoa responsável por autorizar a realização do trabalho.

Fotos: Piracicaba, SP.

Figura 32. Inspeção visual de árvore.

Para introduzir os conceitos inerentes à avaliação da possibilidade de queda de galhos e árvores maduras, é necessário entender como elas se comportam em relação aos esforços mecânicos exigidos pelo ambiente contra raízes, tronco e galhos. Além disso, não se pode esquecer a força gravitacional que age sobre a árvore.

As árvores de grande porte sustentam sua própria massa, que pode chegar a várias toneladas quando somada à quantidade de água contida em seus tecidos.

De maneira geral, as árvores podem ser analisadas de acordo com o esquema a seguir (Figura 33).

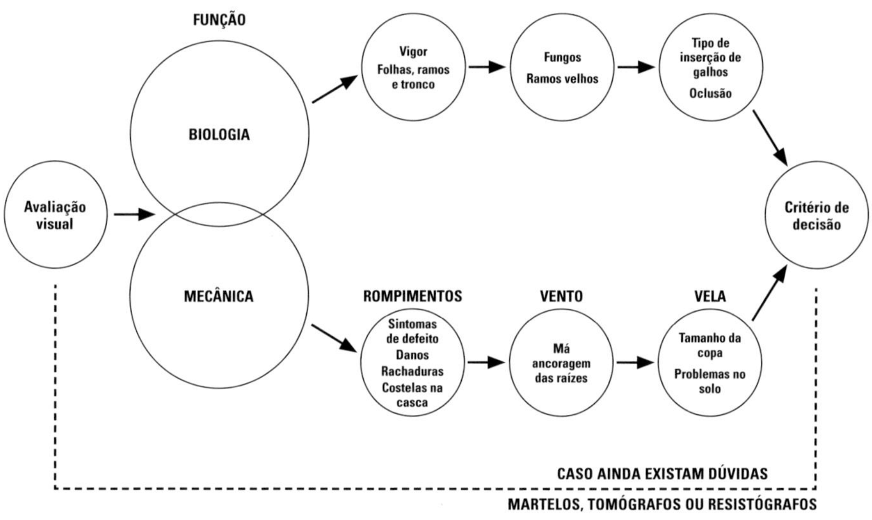

Figura 33. Esquema de avaliação de risco de queda de galhos e de árvores. Adaptado de Matheck & Breloer (1997).

Vento

Em relação ao vento, um modelo importante é aquele descrito por Matheck e Breloer (1997), no qual a copa aparece como uma vela de barco, o tronco da árvore como o mastro, e as raízes são como a âncora a fixar a árvore e suportar as forças dinâmicas de tensão, compressão e torção (Figura 34). Algumas vezes, esses movimentos são rítmicos, podendo ocorrer ressonância, porém tal ação não segue propriamente um modelo linear.

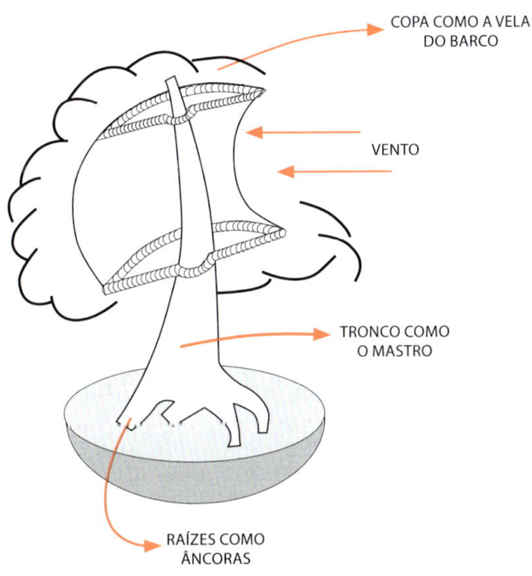

Figura 34. Modelo de explicação visual das forças que agem sobre uma árvore.
Adaptado de Matheck & Breloer (1997).
Desenho de Katharina Ambiel Wolf Bueno de Oliveira.

Quando o vento é muito forte, a vela do barco, representada pela copa da árvore, tende a mover-se para o lado da direção do vento e entorta o mastro do barco (tronco da árvore) para o mesmo lado. Se o vento aumentar sua força e continuar na direção da árvore, o seu mastro (tronco) tenderá a romper e acabará caindo. Nesses casos, as árvores desenvolvem características adaptativas, para que possam continuar vivas em determinados espaços. Vale lembrar também que na base da árvore ocorre a maior concentração das forças de tensão e compressão, assim como a torção da árvore.

Quando, por exemplo, os lados leste e oeste das raízes são mais compridos do que as raízes das faces norte e sul, conclui-se que os ventos mais frequentes que atingem essa árvore ocorrem do lado esquerdo para o direito ou vice-versa. Ou seja, é bem provável que, se um vento muito forte no sentido da face norte para o sul ocorrer, a árvore terá mais chances de cair. As raízes dessas faces se desenvolverão mais, pois precisarão sustentar sua copa contra esses ventos. O mesmo desenvolvimento poderá ser observado em seu tronco, dos lados leste e oeste, onde ele será mais espesso, enquanto no sentido das faces sul e norte se mostrará mais delgado (Figura 35). A ocorrência de podridões no cerne e alburno pode caracterizar alte-

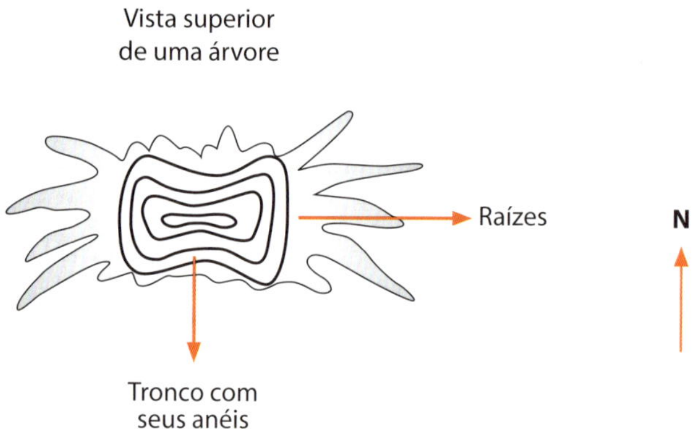

Figura 35. Modelo de explicação do crescimento adaptado das raízes e tronco resultante das forças que agem sobre uma árvore. Adaptado de Matheck & Breloer (1997). Desenho de Katharina Ambiel Wolf Bueno de Oliveira.

rações na resistência, principalmente quando excederem dois terços da secção do caule.

Com relação às forças causadas por desequilíbrio da copa ou pelo sentido do vento, podem-se observar adaptações ou sintomas no tronco e na casca, tais como fissuras na casca devido aos esforços de tensão, e costelas quando os esforços são de compressão (Figura 36). Lembre-se que, para a avaliação visual de árvores, há diferenças entre coníferas e folhosas quanto à reação às forças de tensão e compressão. As coníferas produzem tecido em reação aos tecidos comprimidos e as folhosas, em reação aos tecidos tracionados.

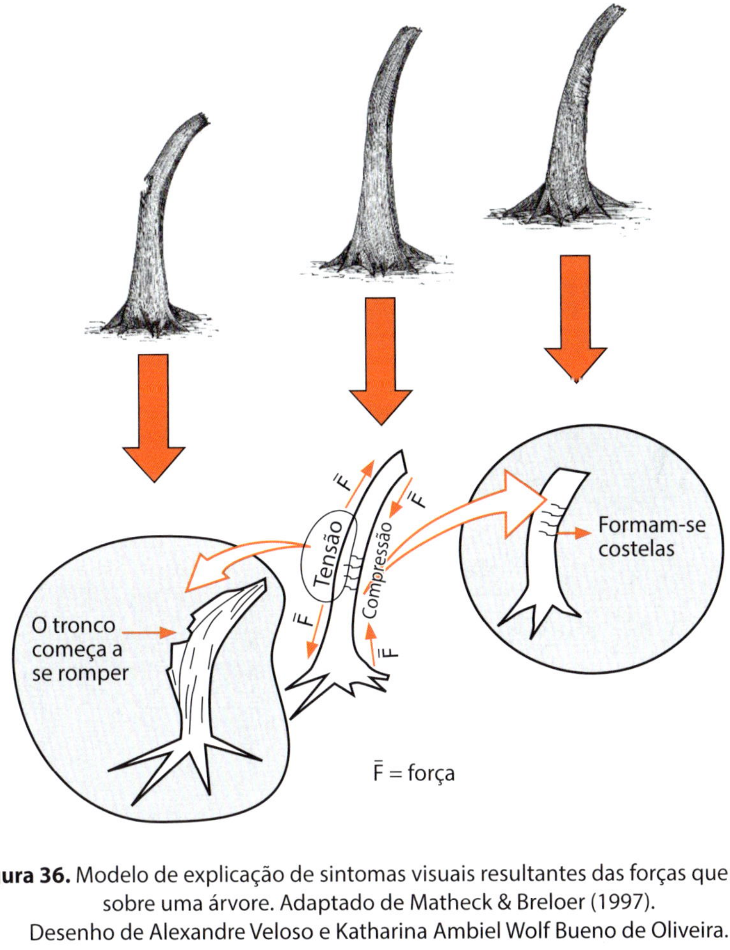

Figura 36. Modelo de explicação de sintomas visuais resultantes das forças que agem sobre uma árvore. Adaptado de Matheck & Breloer (1997).
Desenho de Alexandre Veloso e Katharina Ambiel Wolf Bueno de Oliveira.

As folhosas que produzem lenho de tração possuem as seguintes características:

- desenvolvimento no lado superior de caules inclinados;
- alto conteúdo de celulose;
- baixo conteúdo de lignina;
- fibras gelatinosas;
- crescimento excêntrico (Figura 37);
- baixa resistência à compressão paralela às fibras.

Figura 37. Lenho de tração de cor escura mostrando crescimento excêntrico.

Quando se faz a análise visual e ainda são necessárias mais informações sobre a árvore, passa-se para a análise técnica, em que ferramentas auxiliares podem ser utilizadas, como o fractômetro para medir, por exemplo, a densidade da madeira, para verificar se ela está ou não podre. Dessa forma, é possível analisar se ela pode significar algum risco para as pessoas que trafegam perto dela.

Condições espaciais e biológicas

Com relação às condições espaciais e biológicas, as árvores estão em constante competição por espaço, tanto com o homem (que constrói calçadas, postes, casas etc.) quanto com outras árvores, por água, luz e nutrientes. É importante lembrar que cada árvore possui porte e hábito de desenvolvimento peculiar, portanto é necessário ter conhecimento prévio sobre a árvore analisada. As árvores nas ruas normalmente têm o entorno de suas raízes pavimentado, o que impede o crescimento de raízes de sustentação. Elas também possuem capacidade de alterar sua forma para diminuir danos causados por estresse externo, como aumentar a superfície de contato onde há uma pressão pontual.

Outro exemplo é quando a árvore sofre estresse extremo e perde tecidos por ação dos ventos, o que provoca o rompimento de fibras e o desenvolvimento de lesões internas (Figuras 38 e 39).

Foto: Esalq/USP.

Figura 38. Fissura na base do tronco após a árvore sofrer estresse mecânico devido a ventos extremos (aproximadamente 140 km/h).

Figura 39. Fissuras no tronco que provocam engrossamento do caule. Desenhos de Alexandre Veloso.

Compatibilização de conflitos com a rede de distribuição

Quando a poda é realizada sem serem consideradas as adaptações do indivíduo arbóreo ao longo dos anos, ele pode ter sua resistência comprometida, pelo agravamento de condições biomecânicas adversas, tais como podas laterais com deslocamento do centro de gravidade da árvore ou a elevação desse centro pela perda de ramos primários baixos. Além disso, a competência da árvore em produzir açúcar e amido é reduzida, o que interfere em seu crescimento, podendo ocorrer também a entrada de umidade e organismos xilófagos.

Exemplos de podas compatibilizadas com a rede elétrica podem ser vistas na Figura 40.

Fotos: Campos do Jordão, SP.

Figura 40. Exemplos de podas de compatibilização com a rede elétrica.

Avaliação do risco de queda associado aos problemas do tronco

Para sobreviver em qualquer ambiente, as árvores necessitam ser mecanicamente estáveis e possuir razoável nível de segurança, o qual, entendido aqui como um modelo, deve ser ajustado de acordo com o crescimento da árvore e pode ser baseado no tronco.

A suscetibilidade do tronco a falhas mecânicas aumenta à medida que a árvore cresce em massa e altura (Niklas, 2002).

Bond e Tucker (2006) recomendam a seguinte avaliação de risco de queda referente aos defeitos no tronco:

- Baixo – defeitos pequenos (feridas pequenas recuperáveis pela árvore).
- Médio – defeitos presentes e evidentes (cavidade abrangendo 10 a 25% da circunferência do tronco).
- Alto – defeitos numerosos e/ou significativos (cavidade abrangendo 30 a 50% da circunferência do tronco).
- Severo – defeitos muito graves (cavidade abrangendo mais de 50% do tronco).

A remoção é recomendada para árvores que apresentem apodrecimento em mais de dois terços do tronco; cavidade maior que metade da circunferência do tronco e um terço do diâmetro do tronco apodrecido; cavidade abrangendo dois terços ou mais da circunferência do tronco (Bond & Tucker, 2006).

Condições das árvores

As árvores são consideradas em boas condições quando apresentam:

- apenas rachaduras ou fendas pequenas;
- cavidades que não excedem 30% do diâmetro do tronco;
- galhos quebrados com diâmetro menor que 20 cm;
- apenas mínimas evidências de insetos, doenças ou plantas parasitas;

- menos de um terço do sistema radicular exposto;
- inclinação menor que 30%.

Não ocorrendo qualquer um desses critérios, a árvore é considerada em má condição.

Informações para o modelo de previsão de queda

Deve-se garantir, por meio de manual e treinamento, que todos os trabalhadores que lidam diretamente com aspectos operacionais do conflito gerado pelas redes e pelas copas das árvores obtenham dados referentes ao cálculo do risco de queda individual, descritos a seguir.

- Diâmetro à altura do peito (DAP) a 1,30 metro de altura. É uma variável importante para dimensionar o tronco da árvore. Devido às suas dimensões, pode conferir maior ou menor resistência aos esforços de tensão e compressão (Figura 41).
- Diâmetro da copa. É a variável que permite dimensionar o tamanho da vela da árvore e a vulnerabilidade dela aos ventos fortes (Figura 42).
- Diâmetro do colo (DCOLO). É uma variável importante, tomada a 15 a 20 cm do solo para definir a qualidade da área da base que absorve os esforços de tensão e compressão e o peso da árvore.
- Inclinação em relação ao solo. Esta variável define o deslocamento do centro de gravidade da árvore e pode determinar o alvo a ser atingido quando há risco de queda da árvore por falha mecânica.
- Altura da árvore. Variável importante para definir a altura da vela, pois, quanto maior for a árvore, mais fortes serão os ventos.
- Altura da primeira ramificação. Variável que define a altura da copa e é importante na definição do centro de gravidade da árvore.
- Avaliação da primeira ramificação. Presença de inserção em "V" ou em "U", característica de casca inclusa, o que enfraquece a sustentação da copa da árvore (Figura 43).
- Presença de danos, secas e ocos na base da árvore. Caso ocorram, e dependendo da porcentagem do oco ou seca, haverá risco

maior de queda, portanto dimensionar a lesão é importante para uma avaliação objetiva do risco de queda da árvore.

- Características do local. Sinais no entorno de uso por pessoas denotam alvo de alto risco.
- Cálculo relativo ao centro de gravidade da árvore. É o quociente entre o diâmetro, a altura do peito e o diâmetro do colo. É um índice que pode mostrar a fragilidade da árvore, com uma base sem adaptações aos esforços de tensão e compressão.

Foto: Piracicaba, SP.

Figura 41. Mensuração do DAP (diâmetro à altura do peito tomado a 1,30 m de altura) e DAC (diâmetro à altura do colo tomado a 15 a 20 cm do solo).

Foto: São Paulo, SP.

Figura 42. Mensuração do diâmetro da copa.

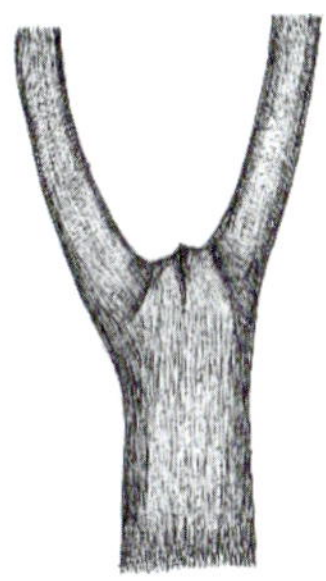

Inserção em "U" caracteriza uma união forte, confere resistência. Desenho de Alexandre Veloso.

≠

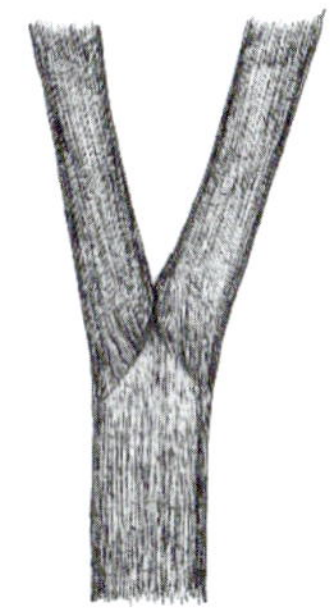

Inserção em "V" caracteriza uma união fraca, confere resistência deficiente. Desenho de Alexandre Veloso.

≠

≠

Figura 43. Caracterização da inserção de galhos primários em "U" e em "V".

- Presença de corpo de frutificação. É importante observar isso, pois a presença de corpos de frutificação de fungos denota grave comprometimento da base ou do colo e do sistema radicular primário, que sustenta mecanicamente a árvore (Figura 44).

Tais variáveis e índices foram conjugados em banco de dados relacional, por ocasião do senso arbóreo, promovido pelo Laboratório de Silvicultura Urbana da Esalq/USP, no Parque Ibirapuera, na cidade de São Paulo.

Foto: Piracicaba, SP.

Figura 44. Corpo de frutificação na base da árvore, onde deve haver a maior rigidez em estruturas de sustentação.

Índice de risco de queda em banco de dados relacional

Consulta estruturada em banco de dados por meio de modelo relacional cuja fórmula produz um índice de risco de queda que, após ser normalizado, infere risco de 0 a 100% para árvores medidas e avaliadas de acordo com a fórmula:

Índice de risco de queda: ((([Diâmetro copa] * [Diâmetro copa] * (3,1416/4)) * 0,5) * ([Altura geral] – [Altura da 1ª ramificação]) * ((([DAP]/[DCOLO]) * [Ângulo de inclinação] * 1) + ((([Colo diagnóstico 1] + [Colo diagnóstico 2] + [Colo diagnóstico 3]) * 800) + ([Ramificação V] * (–800)) + ([Corpo de frutificação] * (–800)))

Nesse índice, os valores de cada variável são medidos como segue:

- Diâmetro da copa – em metros.
- Altura geral – em metros.
- DAP – em metros.
- DCOLO – em metros.
- Ângulo de inclinação – 0 a 85°, considerando um tronco reto (90°) como zero.
- Colo diagnóstico 1, 2 e 3 – quanto maior a porcentagem de oco ou seca, maior o valor da variável.
- Ramificação V – presença ou ausência de casca inclusa com ramos primários mais fracos. No banco de dados, essa presença vai informar o valor –1, que será multiplicado por –800, obtendo-se um peso positivo para o risco de queda.
- Corpo de frutificação – a presença de corpo de frutificação denota fraqueza da base, pois nesse caso há comprometimento grave dos tecidos constituintes da base da árvore (Figura 45), onde ela deve suportar os principais esforços mecânicos. A presença vai informar o valor –1, que será multiplicado por –800, obtendo-se um peso positivo para o risco de queda.

O peso de 800 traz equilíbrio para o índice de risco, pois, quando existem árvores de grandes dimensões, esse peso evita que uma árvore de grande porte, com uma copa de grande dimensão, seja por si só avaliada como de alto risco.

Figura 45. Presença de corpo de frutificação no colo de indivíduo arbóreo.

11

Equipamentos de mensuração

A Figura 46 mostra alguns tipos de equipamentos de mensuração.

Medidas	Equipamento
Diâmetro à altura do peito (DAP)	Suta ou compasso florestal Fita métrica Fita diamétrica
Diâmetro à altura do colo (DAC)	Suta ou compasso florestal Fita métrica Fita diamétrica
Diâmetro da copa	Trena
Altura total	Hipsômetro Clinômetro

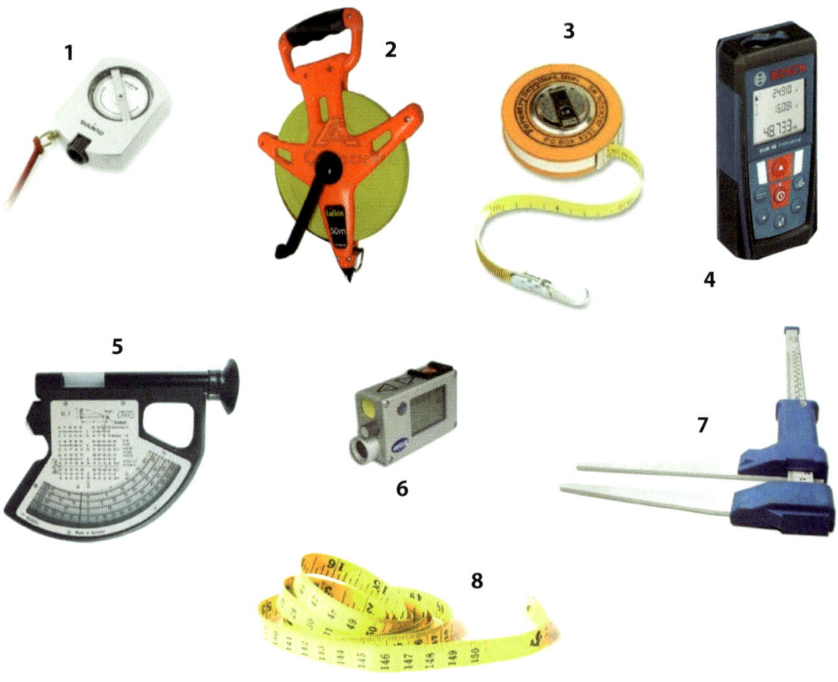

1. Clinômetro. 2. Trena. 3. Fita métrica. 4. Trena digital. 5. Hipsômetro. 6. Hipsômetro digital. 7. Suta ou compasso florestal. 8. Fita diamétrica.

Figura 46. Exemplos de equipamentos de mensuração.

Prancheta hipsométrica

É um hipsômetro simples, de fácil construção e utilização. É composto basicamente de uma "tábua" e um pêndulo (Figura 47).

As visadas da árvore a ser medida são feitas tomando-se como "mira" a borda superior da prancheta, na qual o pêndulo está preso. Ao se visar o topo da árvore, ocorre a formação do triângulo ABC: olho do observador (A), topo da árvore (B) e ponto onde a reta perfeitamente horizontal, que sai do olho do observador, intercepta o tronco da árvore (C). Ao mesmo tempo, o pêndulo da prancheta gera o triângulo A'B'C': ponto onde o pêndulo está preso (A'), ponto onde o pêndulo intercepta a escala (B') e marco zero da escala (C').

A formação desses dois triângulos é interdependente, logo, os seus ângulos correspondentes são semelhantes. A semelhança dos triângulos garante a igualdade da razão dos lados correspondentes.

$$\frac{\overline{BC}}{\overline{AC}} = \frac{\overline{B'C'}}{\overline{A'C'}} \quad \Rightarrow \quad \overline{BC} = \overline{AC}\,\frac{\overline{B'C'}}{\overline{A'C'}}$$

Os lados utilizados nessa relação são prontamente obtidos por medidas tomadas na prancheta e no campo. O lado BC é a altura a ser determinada, isto é, a altura da árvore a partir da linha horizontal

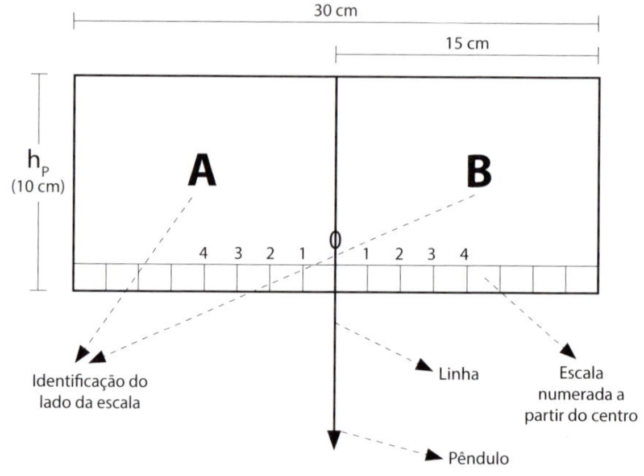

Figura 47. Estrutura da prancheta hipsométrica (Batista et al., 2014).

imaginária que passa pelos olhos do observador (h_1 na Figura 48). O comprimento do lado AC é a distância do observador à árvore (D_{OA}). Note-se que essa distância é a distância horizontal e pode diferir na distância medida sobre o terreno, em situações de topografia acidentada. O comprimento do lado B'C' é a distância percorrida pelo pêndulo na prancheta hipsométrica (l_1) quando esta é inclinada para se fazer a visada do topo da árvore. Essa distância é lida diretamente na escala da prancheta, e por isso essa escala é graduada do centro para as pontas, uma vez que o pêndulo descansa na posição central quando a prancheta está perfeitamente horizontal. O lado A'C' é a altura da prancheta (h_P), que em geral é de 10 cm.

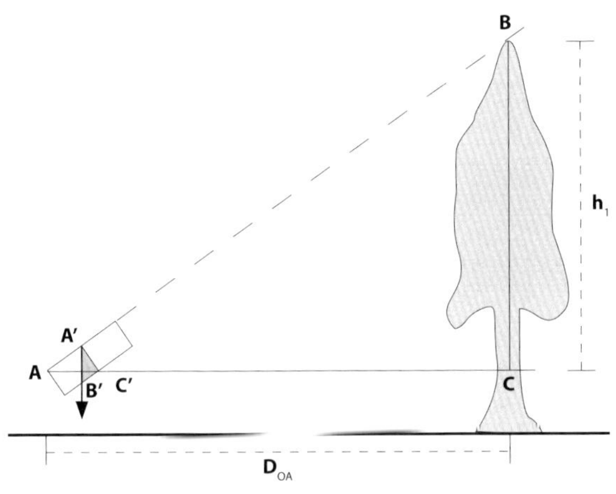

Figura 48. Funcionamento da prancheta hipsométrica quando é realizada uma visada do topo da árvore (Batista et al., 2014).

A partir dessa interpretação, obtém-se a fórmula da prancheta hipsométrica.

$$h_1 = D_{OA} \frac{l_1}{h_P}$$

Tomando-se a leitura da escala (l_1) e a altura da prancheta (h_P) na mesma unidade de medida (centímetros), a sua razão (l_1/h_P) se torna adimensional, isto é, sem unidade de medida. Assim, a altura h_1

é obtida na mesma unidade de distância observador–árvore (D_{OA}), geralmente em metros.

Para determinar a altura total da árvore, faz-se uma segunda visada na base dela, pois h_1 mede a altura da árvore a partir da linha horizontal que passa pelo olho do observador. As irregularidades do terreno tornam o procedimento da segunda visada mais seguro do que a simples adição da altura do olho do observador à altura h_1. Em condições de campo, os pés do observador dificilmente estarão na mesma altura h_1 e na mesma altura horizontal da base da árvore.

Na visada da base da árvore, ocorre o mesmo processo de formação dos triângulos e a altura h_2, entre a linha horizontal e a base da árvore, é determinada por uma segunda leitura (l_2) na prancheta. A altura da árvore, portanto, é obtida pela soma das alturas h_1 e h_2 e a fórmula da prancheta hipsométrica fica:

$$h = h_1 + h_2 = D_{OA} \frac{l_1 + l_2}{h_P}$$

Como a altura da prancheta (h_P) é normalmente 10 cm, a utilização de distâncias observador–árvore (D_{OA}) que sejam múltiplos de 10 (20, 30 e 40 m) torna a aplicação da fórmula uma operação simples de ser realizada no campo, sem a necessidade do uso de calculadoras.

Recomenda-se também que, para obter boa precisão no uso da prancheta, é importante que a distância entre o observador e a árvore nunca seja inferior à altura dela.

12

Termos e definições

Árvore: planta lenhosa perene com um ou mais caules eretos (troncos) que se ramificam acima do nível do solo, formando copa de formas variadas, sendo o diâmetro à altura do peito (1,30 metro) de no mínimo 5 centímetros e altura total de pelo menos 3 metros.

Axila: região entre uma folha e o talo que a sustenta.

Bipinado: duplamente pinado. Folhas pinadas cujos folíolos são pinados.

Broto epicórmico: broto originado de gemas dormentes na casca, podendo ser encontrado nos galhos, troncos ou raízes.

Broto: crescimento novo do galho de uma árvore. Também denominado rebento ou rebrota.

Caducifólia: árvore que perde as folhas no outono.

Casca: cobertura protetora externa sobre galhos e troncos que se forma além do floema.

Chave-faca: dispositivo de isolamento de partes de circuitos elétricos.

Colar: saliência na região inferior da inserção de um galho ao tronco ou a outro galho de maior diâmetro, formada pela sobreposição de tecidos vasculares do galho e do tronco.

Copa: conjunto de galhos e folhas que formam a parte superior de uma árvore.

Corte de destopo: corte de um galho ou caule junto à gema ou a um galho lateral, sem dimensões suficientes para assumir a dominância apical, para atender a algum objetivo estrutural definido.

Crista de casca: saliência na região superior da inserção de um galho ao tronco ou a outro galho de maior diâmetro, formada a partir da sobreposição de tecidos do galho e do tronco.

Dominância apical: inibição do crescimento das gemas laterais pela gema terminal.

Elevação de copa: poda seletiva dos galhos inferiores de uma árvore visando a desobstrução em altura.

Folha: órgão laminar dos vegetais e primário da fotossíntese nas plantas, conectado ao galho ou tronco por um pecíolo.

Floema: tecido vascular vegetal que conduz a seiva elaborada, localizado na parte interior da casca.

Flor: órgão de reprodução sexual.

Folha composta: folha com dois ou mais folíolos.

Folha simples: constituída de um limbo único, sem folíolos.

Folíolo: cada uma das partes em que se subdivide uma folha composta.

Fotossíntese: processo no qual a energia da luz é utilizada para fabricar glicose com o uso de água e dióxido de carbono.

Fruto: estrutura formada a partir do ovário da flor e que contém as sementes em seu interior.

Galho: estrutura de madeira formada a partir do desenvolvimento de uma gema axilar do tronco.

Gema: conjunto de células diferenciadas em primórdios foliares e/ou florais localizadas na extremidade de um broto ou nas axilas das folhas.

Gema axilar: gema que se localiza na axila da folha.

Inflorescência: agrupamento de flores.

Lenticela: pequena abertura localizada na casca das árvores que permite trocas gasosas.

Lesão: abertura surgida quando a casca de um galho ou de um caule vivo é penetrada, cortada ou removida.

Meristema: conjunto de células indiferenciadas no qual ocorre a divisão celular ativa.

Pecíolo: haste que sustenta o limbo da folha.

Peciólulo: haste que sustenta um folíolo em uma folha composta.

Perenifólia: árvore que mantém suas folhas ou acículas durante todo o ano.

Pinada: folha composta na qual os folíolos estão dispostos de cada lado ao longo do eixo da folha.

Raiz: órgão de fixação da árvore ao solo, geralmente subterrâneo, responsável pela absorção e condução de água e nutrientes.

Ramo-líder: broto principal ou tronco de uma árvore de crescimento ortotrópico.

Semente: estrutura das plantas que contém o embrião, formado a partir de um óvulo fecundado.

Tronco: eixo principal aéreo (caule) que une a raiz à copa, sustentando a planta.

Xilema: principal tecido condutor de água e minerais nas árvores e em outras plantas.

Bibliografia consultada

AES – ELETROPAULO. *Procedimento de inspeção para o manejo de vegetação na rede aérea de distribuição.* Instrução técnica. ID7015. Diretoria de Planejamento e Engenharia. Fevereiro de 2010.

———. *Guia de arborização urbana e manual de poda*, 2011. 86p.

BATISTA, J. L. F. ; COUTO, H. T. Z. ; SILVA FILHO, D. F. *Quantificação de recursos florestais:* árvores, arvoredos e florestas. 1. ed. São Paulo: Oficina de Textos, 2014. v. 11. 384p.

BOBROWSKI, R. *A avaliação de árvores e ações de manejo de risco,* 2010. Disponível em: <http://anais.unicentro.br/sef/iisef/pdf/palestras/Bobrowski.pdf>. Acesso em: 5 jul. 2014.

BOND, J.; TUCKER, F. *Field guide,* 2006. Disponível em: <http://www.umass.edu/urbantree/accessguide1.doc>. Acesso em: 3 jul. 2014.

CRESTANA, M. S. M. et al. *Árvores & Cia*. Campinas: CATI, 2007. 132p.

KARLOVICH, D. A.; GRONINGER, J. W.; CLOSE, D. D. Tree condition associated with topping in Southern Illinois communities. *J. Arboric.* 26: 87-89, 2000.

LILLY, S. J. *Guía de estudio para la certificación del arbolista.* ISA (International Society of Arboriculture), 2011. p. 210-24.

LORENZI, H. *Árvores brasileiras:* manual de identificação e cultivo de plantas arbóreas do Brasil. Nova Odessa, SP : Instituto Plantarum, 2002. v. 1, 2.

LORENZI, H. et al. *Árvores exóticas no Brasil:* madeireiras, ornamentais e aromáticas. Nova Odessa, SP: Instituto Plantarum, 2003.

MANUAL TÉCNICO DE ARBORIZAÇÃO URBANA. Secretaria do Verde e do Meio Ambiente. 2ª edição. Prefeitura da Cidade de São Paulo, 2005.

MASCARO, J. J. Significado ambiental-energético da arborização urbana. *Revista de Urbanismo e Arquitetura*, Salvador, v. 7, n. 1, 2006.

MATTHECK, C.; BRELOER, H. Field guide for visual tree assessment (VTA). *Arboricultural Journal*, 18, p. 1-23, 1994.

MATTHECK, C.; BRELOER, H. *The body language of trees:* a handbook for failure analysis. London: Her Majesty's Stationery Office, 1997. 260p.

NICOLOTTI, G. et al. Application and comparison of three tomographic tecniques for detection of decay in trees. *Journal of Arboriculture* 29(2): 66-78, 2003.

NIKLAS, K. J. Wind, size and tree safety. *Journal of Arboriculture* 28(2): 84-93, mar. 2002.

PREFEITURA da Cidade de São Paulo. Secretaria do Verde e do Meio Ambiente. *Manual técnico de poda de árvores*, 2012. 64p.

RIBEIRO, J. E. L. et al. *Flora da Reserva Ducke:* guia de identificação das plantas vasculares de uma floresta de terra-firme na Amazônia Central. Manaus: Inpa, 1999. 800p.

RINNTECH. *User Manual* – Arbotom 3-D Tree Impulse Tomograph, version 1.59 for Microsoft Windows 98, 2000, XP. 2005. 42p.

SEITZ, R. A. *Manual de poda de espécies arbóreas florestais.* Curitiba: Fupef, 1995. 88p.

SILVA FILHO, D. F. et al. *Arboricultura:* guia de consulta rápida. ISA (International Society of Arboriculture). São Paulo: Nova Cultural, 2006.

SILVA JR., M. C.; LIMA, R. M. C. *100 árvores urbanas:* guia de campo. Brasília: Rede de Sementes do Cerrado, 2010. 280p.